BEI GRIN MACHT SICH IHR WISSEN BEZAHLT

AF137270

- Wir veröffentlichen Ihre Hausarbeit,
  Bachelor- und Masterarbeit

- Ihr eigenes eBook und Buch -
  weltweit in allen wichtigen Shops

- Verdienen Sie an jedem Verkauf

Jetzt bei www.GRIN.com hochladen und kostenlos publizieren

Bibliografische Information der Deutschen Nationalbibliothek:

Die Deutsche Bibliothek verzeichnet diese Publikation in der Deutschen National-
bibliografie; detaillierte bibliografische Daten sind im Internet über http://dnb.d-
nb.de/ abrufbar.

Dieses Werk sowie alle darin enthaltenen einzelnen Beiträge und Abbildungen
sind urheberrechtlich geschützt. Jede Verwertung, die nicht ausdrücklich vom
Urheberrechtsschutz zugelassen ist, bedarf der vorherigen Zustimmung des Verla-
ges. Das gilt insbesondere für Vervielfältigungen, Bearbeitungen, Übersetzungen,
Mikroverfilmungen, Auswertungen durch Datenbanken und für die Einspeicherung
und Verarbeitung in elektronische Systeme. Alle Rechte, auch die des auszugsweisen
Nachdrucks, der fotomechanischen Wiedergabe (einschließlich Mikrokopie) sowie
der Auswertung durch Datenbanken oder ähnliche Einrichtungen, vorbehalten.

Impressum:

Copyright © 2015 GRIN Verlag, Open Publishing GmbH
Druck und Bindung: Books on Demand GmbH, Norderstedt Germany
ISBN: 978-3-668-19259-1

Dieses Buch bei GRIN:

http://www.grin.com/de/e-book/319937/theorien-zur-entwicklung-und-foerderung-
der-moralischen-urteilsfaehigkeit

Julia O.

Theorien zur Entwicklung und Förderung der moralischen Urteilsfähigkeit. Das Stufenmodell nach Kohlberg

GRIN Verlag

GRIN - Your knowledge has value

Der GRIN Verlag publiziert seit 1998 wissenschaftliche Arbeiten von Studenten, Hochschullehrern und anderen Akademikern als eBook und gedrucktes Buch. Die Verlagswebsite www.grin.com ist die ideale Plattform zur Veröffentlichung von Hausarbeiten, Abschlussarbeiten, wissenschaftlichen Aufsätzen, Dissertationen und Fachbüchern.

Besuchen Sie uns im Internet:

http://www.grin.com/

http://www.facebook.com/grincom

http://www.twitter.com/grin_com

FREIE UNIVERSITÄT BERLIN

FACHBEREICH BIOLOGIE, CHEMIE, PHARMAZIE

DIDAKTIK DER BIOLOGIE

ENTWICKLUNG UND EVALUATION III: FORSCHUNGSMETHODEN DER BIOLOGIEDIDAKTIK

WISE 2015/16

Theorien zur Entwicklung und Förderung moralischer Urteilsfähigkeit

Das Stufenmodell nach Kohlberg

Inhaltsverzeichnis

1. Kognitive Entwicklungstheorie des moralischen Urteils nach Kohlberg

Neben dem Bildungsauftrag trägt die Institution *Schule* vor allem auch einen wichtigen Teil der Erziehung. In diesen Bereich fällt auch die Anleitung der Schülerinnen und Schülern, Moral und Unmoral zu verstehen. Dazu gehört, dass Schule die Orientierungs- und Entwicklungsbedürfnisse der Kinder und Jugendlichen ebenso konstruktiv berücksichtigt, wie die damit einhergehenden gesellschaftlichen Erfordernisse (Hößle 2007). Dabei kann das Ziel laut Adam und Schweitzer (1996) nur eine verantwortliche Mündigkeit der Jungen und Mädchen sein, und nicht einfach die Anpassung an die Gesellschaft. Nun kann an dieser Stelle behauptet werden, dass hierfür insbesondere der gesellschaftskundliche Unterricht vorgesehen ist. Dieser allein kann jedoch in den wenigen Wochenstunden nicht leisten, was das übergeordnete Ziel einer umfangreichen und ganzheitlichen Persönlichkeitsbildung sein soll.

Auch die neuen Bildungsstandards der Rahmenlehrpläne fordern moralische Erziehung. Neben den Bereichen *Fachwissen*, *Kommunikation* und *Erkenntnisgewinnung* wurde durch die KMK zusätzlich die *Bewertungskompetenz* in die Standards aufgenommen. Dabei umfasst der Standard *Bewerten* sämtliche Kennzeichen eines reflektierten moralischen Urteils:

— das Entwickeln von Wertschätzung für die Natur und die gesunde Lebensführung

— Diskursfähigkeit, die befähigt, an kontroversen Diskursen teilzunehmen

— ethische Urteilsbildung in Bezug auf Konflikte, die die eigene Person, andere Personen sowie die Umwelt betreffen

— das Reflektieren der Grundsätze nachhaltiger Entwicklung und ethischer Denktraditionen

— Fähigkeit zum Perspektivwechsel im Prozess der Urteilsbildung (Bildungsstandards, 2005)

Im Folgenden wird veranschaulicht, welche Aufgabe in der Theorie des moralischen Urteils explizit dem Biologieunterricht zukommt. Dabei wird auf die kognitive Entwicklungstheorie nach Lawrence Kohlberg zurückgegriffen.

Der Psychologe Lawrence Kohlberg (1927-1987) entwickelte ein Stufenmodell als theoretisch fundiertes Kompetenzstrukturmodell zur Bewertung von Sachverhalten. Durch dieses Stufenmodell ist es auch Lehrkräften möglich, komplexe Kompetenzen nach Dimensionen zu gliedern und in Niveaus abzustufen. Kohlberg untersuchte die Genese des moralischen Urteilens im Kontext der allgemeinen kognitiven Entwicklung, wobei er davon ausgeht, dass sich das Moralbewusstsein beim Menschen stufenweise in immer derselben Reihenfolge entwickelt, jedoch nicht alle Menschen die höheren Stufen des Moralbewusstseins erreichen. Seine Untersuchungen konzentrierten sich dabei vor allem auf die Entwicklung der Begründungen normativer Urteile (Hößle 2007). Das entwickelte Stufenmodell umfasst sechs Ebenen des moralischen Urteils (Tabelle 1).

Tabelle 1

Präkonventionelle Ebene	*1. Stufe urteilt nach Gesichtspunkten von Lohn und Strafe* **Lohn- und Straf-Moral**
	2. Stufe urteilt nach dem Schema: Jedem das Seine **Auge um Auge-Moral**
Konventionelle Ebene	*3. Stufe urteilt nach dem Prinzip der goldenen Regel: „Was du nicht willst, das man dir tu', das füg' auch keinem andern zu."* **Good boy-nice girl-Moral**
	4. Stufe urteilt nach für alle in gleicher Weise gültigen gesellschaftlichen Rechten und Pflichten **Rechte- und Pflichten-Moral**
Postkonventionelle Ebene	*5. Stufe urteilt aus der Perspektive eines rationalen Individuums, das sich der Rechte und Pflichten bewusst ist, die sozialen Bindungen und Verträgen vorgeordnet sind* **Prinzipien- und Sozialvertrags-Moral**
	6. Stufe Universelle oder kommunikationsethisch fundierte Prinzipien-Moral **Moral im Sinne des Kategorischen Imperativs nach I. Kant**

Die Präkonventionelle Ebene, also die vormoralische Stufe, umfasst dabei Bewertungen frei nach dem Motto „Gut ist, was keine physische Bestrafung nach sich zieht, was mir Spaß macht und mir nützt" und ist die einfachste/erste Stufe des moralischen Urteils. Die höchste Stufe bildet der kategorische Imperativ nach Immanuel Kant. Es handelt sich hierbei um die komplexeste Form ethischer Einsicht, die das Prinzip der Verallgemeinerungsfähigkeit beinhaltet (Hößle 2007). Die Grundformel des kategorischen Imperativs leitet sich aus zwei Unterformeln her. Zum einen der Formel des Naturgesetzes, welche den kategorischen Imperativ auf die gesamte Menschheit bezieht, sodass niemand ausgelassen wird: „Handle so, als ob die Maxime deiner Handlung durch deinen Willen zum allgemeinen Naturgesetz werden solle." Es geht bei dieser Formel also vordergründig um die Verallgemeinerung einer eigens festgelegten Regel – einer sogenannten Maxime. Die Formel des Zweckes beschreibt indes, wie eine Handlung ausgeführt werden soll und bedeutet etwa so viel, dass immer etwas für den Menschen erreicht werden soll, der durch eine bestimmte Handlung beeinflusst wird. Die Formel des Zweckes an sich selbst lautet: „Handle so, dass du die Menschheit, sowohl in deiner Person, als in der Person eines jeden andern, jederzeit zugleich als Zweck, niemals bloß als Mittel brauchst." Welche Probleme durch die Denkweise des kategorischen Imperativs auftreten können, wird im nachfolgenden Kapitel deutlich, wenn es um exemplarische Beispiele der beschriebenen Theorie geht.

Im konstruktivistischen, progressiven Ansatz der Entwicklungspsychologie nach Kohlberg wird davon ausgegangen, dass Moral nicht über die Weitergabe von Verhaltensstandards und Regeln von einer Generation zur nächsten vermittelt wird, sondern die urteilende Person sich ihre Moral selbst „konstruiert" (Schuster 2001). Dabei ist die ‚Person' also kein passives Wesen, sondern als aktives Subjekt zu verstehen. Um den Entwicklungsprozess zu stimulieren, sollte das aktive Subjekt mit seiner Umwelt und den sich darin befindlichen Problemen konfrontiert werden und mit dieser interagieren. Dies bedeutet für Lehrerinnen und Lehrer im Biologieunterricht, dass ganz konkrete ethische Konflikte zum entsprechenden Unterrichtsthema gelöst werden sollten, da die Auseinandersetzung mit Problemen die moralische Kognition und das moralisches Gefühl herausfordern und somit die Entwicklung moralischer Urteilsfähigkeit fördern. Die Urteile werden bei detaillierter Bearbeitung immer reversibler, immer intensiver, immer differenzierter und immer komplexer. Die Kinder durchlaufen einen Lernprozess, der im Idealfall zur nächst-höheren moralischen Stufe der Entwicklung führt und ihre Urteile dabei immer mehr nach universellen Prinzipien ausrichtet (Hößle 2007).

Eine besonders beliebte Methode zur Förderung der Urteilsfähigkeit ist die Dilemmata-Methode. Den Schülerinnen und Schülern werden dabei sogenannte Dilemmata vorgestellt, zu denen sie Stellung beziehen müssen.

Ein moralisches Dilemma liegt vor, wenn jede denkbare Handlungsalternative ein wichtiges moralisches Prinzip verletzen würde, wir also wählen müssen, welches Prinzip uns wichtiger ist (Lind 2006).

Die Mädchen und Jungen werden nach der Lektüre des Dilemmas gebeten, ihre eigene Meinung zum Thema zu äußern und sich zu positionieren. Damit soll besonders jene Kompetenz gefördert werden, die für den verantwortungsvollen Umgang mit biologischem Fachwissen und die Bewältigung moralischer Dilemmata notwendig ist, die sich direkt oder indirekt aus neuen Biotechnologien ergeben (Lind 2006). Mit Hilfe der Antworten der LernerInnen kann das Urteil im Kohlberg'schen Stufenmodell kategorisiert werden, um beispielsweise Fördermaßnahmen und Angebote zur moralischen Urteilsentwicklung einzuleiten. Dazu kann mittels unterschiedlicher Methoden versucht werden, die nächste Stufe der Urteilsfähigkeit zu erreichen. Hößle (2001), Schuster (2001), Meisert & Kiersdorf (2001) und Bayrhuber (1992) sollen an dieser Stelle als Autoren unterschiedlichster Vorgehensweisen genannt werden (weitergehende Informationen Boegholz et.al.).

2. Exemplarische Beispiele

Anhand ausgewählter Beispiele sollen im Folgenden die Kohlberg'schen Stufen der Moralentwicklung exemplarisch dargestellt werden. Die Entwicklung der Ebenen normativer Urteile wird dabei an drei verschiedenen Dilemmata gezeigt und tabellarisch zusammengefasst. Die jeweiligen Dilemmata können im Anhang nachgelesen werden. Darüber hinaus finden sich zu den jeweiligen Stufen der Moralbildung in kursiver Schrift teilweise exemplarische Beispiele und Aussagen von Studierenden zu der entsprechenden Ebene.

Weiterhin kann für die exemplarische Darstellung der Moral im Sinne des kategorischen Imperativs nach Kant nicht immer ein Beispiel angegeben werden, da durch das Problem der Verallgemeinerung nicht konstant eine logische Erklärung geboten werden kann. In vielen Fällen ergibt sich eine Denkunmöglichkeit, wenn eine moralische Entscheidung – eine Maxime – auf die gesamte Menschheit bezogen werden soll. Dabei ergibt sich jedoch das Problem der inhaltlichen Bestimmung der formalen Maximen: Einerseits soll die vernünftige Entscheidung Allgemeingültigkeitsanspruch haben, andererseits ist das Subjekt/das vernünftige Wesen bei seiner Entscheidung nur sich selbst verantwortlich. Aus Gründen der Komplexität und Denkunmöglichkeit wurde bei den nachfolgenden Beispielen der kategorische Imperativ ausgelassen.

2.1 Dilemma I – Sich für Geld befruchten lassen?[1]

War Laras Entscheidung richtig?		Pro	Kontra
Präkonventionelle Ebene	*Lohn- und Straf-Moral*	Lara entschied richtig, weil sie mit dem Geld für die Embryonen ihr Überleben sichert. *Aus rationaler Sicht: Ja – Sicherung der eigenen Ernährung/Lebensgrundlage*	Lara entschied falsch, weil Abtreibung gegen die religiösen und moralischen Grundsätze der Katholischen Kirche ist und den Ausschluss aus der Religionsgemeinschaft zur Folge hat.
	Auge um Auge-Moral	Lara entschied richtig, da sie das Leben ihrer Familienmitglieder mit dieser Entscheidung rettet, die ihr somit einen Gefallen schuldig sind und ihr ebenfalls später in einer Notsituation helfen könnten.	Lara entschied falsch, weil sie nicht für ihre gesamte Familie aufkommen müsste. Sie kann nichts für die Armut ihrer Familie.

---

[1] Siehe Anhang

		Lara entschied richtig	Lara entschied falsch
Konventionelle Ebene	*Good boy-nice girl-Moral*	Lara entschied richtig, da die Bereitschaft anderen zu helfen zu großem Ansehen führt.	Lara entschied falsch, weil sie durch die künstliche Befruchtung und Abtreibung einen schlechten Ruf innerhalb ihrer Glaubensgemeinschaft riskiert.
	Rechte- und Pflichten-Moral	Lara entschied richtig, weil sie als Mitglied ihrer Familie Verantwortung für das Wohlergehen ihrer Eltern und Geschwister innehat. *Ja, es war richtig, weil sie somit ihre Familie und sich versorgen kann. Sie haben alle eine Zukunft. Keine Geldnot.*	Lara entschied falsch, weil die religiösen Lebensregeln durch Laras Entscheidung für künstliche Befruchtungen und Abtreibungen verletzt werden. *Nein. Denn Aufgrund ihrer katholischen Erziehung wird sie später ein schlechtes Gewissen bekommen.*
Postkonventionelle Ebene	*Prinzipien- und Sozialvertrags-Moral*	Lara entschied richtig, da das Recht auf Leben ihrer Familie das Recht auf Leben der ungeborenen Embryonen verdrängt bzw. diesem vorgeordnet ist. *Leben über Eigentum.*	Lara entschied falsch, weil die handlungsleitenden religiösen Richtlinien, die die grundlegenden Rechte und Pflichten der Menschen untereinander bestimmen und sichern, geachtet werden sollen. *Nein, weil es komplett an ihrer eigentlichen Gesinnung vorbeigeht.*
	Moral im Sinne des Kategorischen Imperativs nach I. Kant	Da keine Verallgemeinerung der Maxime stattfinden kann, kommt es zu einer Denkunmöglichkeit und somit keinem logischen Urteil.	

2.2 Dilemma II – Stammzellentherapie[2]

War die Entscheidung richtig oder falsch?		Pro	Kontra
Präkonventionelle Ebene	*Lohn- und Straf-Moral*	Die Entscheidung war richtig, weil der kranke Sohn eine höhere Überlebenswahrscheinlichkeit hat.	Die Entscheidung war falsch, weil die Gewinnung embryonaler Stammzellen verboten ist und bestraft wird.
	Auge um Auge-Moral	Die Entscheidung war richtig, weil die Eltern ihren Sohn Zain lieben und sich das Leid im Falle seines Todes ersparen wollen. *Die Entscheidung war richtig, da sie alle Kinder lieben und keine andere Möglichkeit sehen ihn zu retten.*	Die Entscheidung war falsch, weil die Eltern ihr ungeborenes Kind als Instrument zur Genesung ihres kranken Sohnes benutzen. *Kind wird nicht um Selbst geboren, sondern nur als „Ersatzteillager".*
Konventionelle Ebene	*Good boy-nice girl-Moral*	Die Entscheidung war richtig, weil die Eltern ihrem Sohn die schmerzhafte Prozedur der täglichen Injektion eines lebenswichtigen Medikaments ersparen wollen.	Die Entscheidung war falsch, weil die selektive künstliche Befruchtung entgegen der natürlichen Zeugung eines Kindes ist und somit gesellschaftlich kritisch gesehen wird. *Die Abtreibung des 5. Kindes nach Ausschluss als Spender ist kritisch anzusehen. Außerdem sollte das Spenderbaby nicht nur als Spender gesehen werden.* *[...] gibt es einige Bedenken bzgl. der Intention fürs Kinder zeugen.*

---

[2] Siehe Anhang

	Rechte- und Pflichten-Moral	Die Entscheidung war richtig, weil die Eltern in der Verantwortung für ihre Kinder stehen und verpflichtet sind, für das Wohlergehen dieser zu sorgen. *Ein Kind zu retten, ist das Wichtigste im Leben von Eltern.*	Die Entscheidung war falsch, weil laut dem Embryonenschutzgesetz (ESchG) die Verwendung menschlicher Embryonen zu Zwecken, die nicht dem Erhalt des Embryos selbst dienen (z.B. für Forschungszwecke oder zur Gewinnung embryonaler Stammzellen)[3] gesetzlich verboten ist. *Falsch, man sollte kein Leben als Mittel zum Zweck züchten und dabei Embryonen aussortieren.* *„Zucht" eines Menschen ist menschenunwürdig.*
Postkonventionelle Ebene	*Prinzipien- und Sozialvertrags-Moral*	Die Entscheidung war richtig, weil die Gewinnung von Stammzellen aus der Nabelschnur keine Folgen für das ungeborene Kind haben wird, dafür aber eine 90%ige Heilungs-wahrscheinlichkeit für den kranken Sohn besteht. *Da das neugeborene Kind keinen Schaden davon tragen wird, ist es eine Gewinnsituation auf beiden Seiten.* *Ich finde die Entscheidung der Eltern richtig, weil nichts*	Die Entscheidung war falsch, weil die funktionalisierte Zeugung des ungeborenen Kindes später zu emotionalen und psychischen Schäden und Minderwertigkeitskomplexen führen kann. *Das Wissen, nur zur Genesung des Bruders gezeugt worden zu sein, kann zu schweren psychischen Schäden führen.*

---

[3] http://www.netdoktor.de/Gesund-Leben/Unerfuellter-Kinderwunsch/Recht+Geld/Kuenstliche-Befruchtung-Die-R-10269.html

		Unnatürliches gezeugt bzw. getan wird, was nicht auch auf natürliche Weise entstehen könnte. Was spricht dagegen neues Leben zu schaffen, um bestehendem Leben zu helfen?	
	Moral im Sinne des Kategorischen Imperativs nach I. Kant	Da keine Verallgemeinerung der Maxime stattfinden kann, kommt es zu einer Denkunmöglichkeit und somit keinem logischen Urteil.	

2.3 Dilemma III – Frau Dr. Paul[4]

Soll Frau Dr. Paul illegal Hauttransplantate entnehmen?		Pro	Kontra
Präkonventionelle Ebene	*Lohn- und Straf-Moral*	Frau Dr. Paul sollte es tun, da sie ihren Job behalten und nicht den Zorn ihres Chefs auf sich ziehen will.	Frau Dr. Paul sollte es nicht tun, da sie ihre Zulassung verlieren könnte und sogar mit einer Geld- oder Gefängnisstrafe rechnen müsste.
	Auge um Auge-Moral	Frau Dr. Paul sollte es tun, da sie im Falle einer Hauttransplantation selbst nicht entstellt sein wollen würde.	Frau Dr. Paul sollte es nicht tun, da die illegale Entnahme sie erpressbar macht und nicht in ihrer Entscheidungsgewalt liegt, sondern in der ihres Vorgesetzten.
Konventionelle Ebene	*Good boy-nice girl-Moral*	Frau Dr. Paul sollte es tun, da sie durch das illegale Transplantat Format beweisen und als Retterin des Notfallpatienten gelten	Frau Dr. Paul sollte es nicht tun, weil es entgegen ihrer religiösen Einstellungen und Richtlinien wäre, und dies zum Verlust ihrer

---

[4] Siehe Anhang

			Selbstachtung führen könnte.
	Rechte- und Pflichten-Moral	Frau Dr. Paul sollte es tun, weil so die gesellschaftliche Stellung des Patienten gesichert würde, der durch seine Genesung später wieder arbeitsfähig wäre.	Frau Dr. Paul sollte es nicht tun, da es keine Einwilligung des Toten gibt, die die Entnahme von Hauttransplantaten gewährleistet.
Postkonventionelle Ebene	Prinzipien- und Sozialvertrags-Moral	Frau Dr. Paul sollte es tun, weil eine Entscheidung für die illegale Entnahme des Hauttransplantates eine Entscheidung für das Leben des Patienten wäre. Das Recht eines Lebenden ist dem Recht eines Toten nachgestellt.	Frau Dr. Paul sollte es nicht tun, weil die Richtlinien und Gesetze zur Organspende und Transplantation geachtet werden sollen, um die Rechte einzelner gegenüber anderen zu sichern.
	Moral im Sinne des Kategorischen Imperativs nach I. Kant	Da keine Verallgemeinerung der Maxime stattfinden kann, kommt es zu einer Denkunmöglichkeit und somit keinem logischen Urteil.	

3. Fazit

Das Kohlberg'sche Stufenmodell ist die Grundlage vieler wissenschaftlicher Arbeiten und Modelle zur moralischen Erziehung im Schulkontext.

Die praktische Konsequenz für Lehrkräfte der Biologie kann daher nur sein, sich bewusst zu machen, dass die Weiterentwicklung moralischer Urteilsfähigkeit seitens der Lehrkraft nur begünstigt, nicht aber dirigiert oder direkt vermittelt werden kann. Es gibt jedoch Mittel und Wege Schülerinnen und Schüler anzustoßen, die nächsthöhere Stufe moralischer Urteilsbildung zu erreichen. Eine Möglichkeit soll hier kurz genannt werden: die Plus-Eins-Konvention. Bei dieser Methode führt die Lehrerin oder der Lehrer einen kognitiven Konflikt herbei, der die Lernenden mit einem Argument der nächsthöheren Stufe konfrontiert. Um die Weiterentwicklung von einem Moralniveau zum anderen bei den Schülerinnen und Schülern zu gewährleisten und zu fördern, bedarf es einer tiefgehenden Auseinandersetzung mit dem zu bearbeitenden Dilemma seitens der Lehrkraft (Hößle 2007).

Zusammenfassend kann man sagen, dass die Theorie zur Entwicklung und Förderung moralischer Urteilsfähigkeit nach Lawrence Kohlberg davon ausgeht, dass sich das Moralbewusstsein beim Menschen stufenweise in immer derselben Reihenfolge entwickelt, wobei nicht alle Menschen die höheren Stufen des Moralbewusstseins erreichen. Dies gilt vor allem im schulischen Kontext. Es darf nicht davon ausgegangen werden, dass sich alle Schüler und Schülerinnen zu jeder Zeit auf dem gleichen Niveau der Urteilsbildung befinden. Die Entwicklung moralischer Urteilsfähigkeit hängt nicht zuletzt von einer Reihe externer Faktoren ab, wie dem sozialen Umfeld, der Möglichkeit des Lernens durch Nachahmung und der Reflexion verschiedener Handlungsalternativen.

In der Verantwortung einer Lehrkraft ist es allerdings wünschenswert, den Lernenden immer wieder Möglichkeiten zu eröffnen, ihr moralisches Handeln zu reflektieren und Handlungsalternativen in Konfliktsituationen aufzuzeigen, sodass am Ende einer Schullaufbahn mindestens die 4. oder vorzugsweise 5. Stufe auf der Postkonventionellen Ebene moralischer Urteilsfähigkeit erreicht werden kann.

4. Literaturverzeichnis

Sekundärliteratur

- Krüger, D. & Vogt, H.: Handbuch der Theorien in der biologiedidaktischen Forschung, Springer Verlag 2007.
- Bögeholz, Hößle, Langlet, Sander, Schlüter: Bewerten – Urteilen – Entscheiden, in: Zeitschrift für Didaktik der Naturwissenschaften; Jg. 10, 2004, S. 89-115.

Onlinequellen

- Bildungsstandards Biologie:
  http://www.kmk.org/fileadmin/veroeffentlichungen_beschluesse/2004/2004_12_16-Bildungsstandards-Biologie.pdf
- http://www.uni-konstanz.de/ag-moral/pdf/lind-2006_dilemma-im-auge-des-betrachters.pdf
- http://www.netdoktor.de/Gesund-Leben/Unerfuellter-Kinderwunsch/Recht+Geld/Kuenstliche-Befruchtung-Die-R-10269.html
- http://arbeitsblaetter.stangl-taller.at/MORALISCHEENTWICKLUNG/KohlbergDilemmataPaul.shtml
- http://www.schule-bw.de/unterricht/faecher/biologie/medik/meth/dilemma/

5. Anhang

Dilemma I – Sich für Geld befruchten lassen?[5]

Lara ist 16 und wohnt in einem armen, südamerikanischen Land. Sie hat keine Ausbildung und findet nirgends eine Anstellung. Die Aussichten sind gering, je eine zu bekommen, da es bereits viele Arbeitslose gibt. Auch ihre Eltern sind ohne Arbeit und ihre jüngeren Geschwister gehen noch zur Schule. Sie hört davon, dass ein große Pharmakonzern Embryonen für neue gentechnische Heilungsmethoden benötigt und junge Frauen sucht, die sich für fünf Jahre verpflichten, einmal pro Jahr künstlich befruchten zu lassen und den Embryo der Firma zu geben. Das Geld, das Lara angeboten wurde, würde genügen, sich und ihre Familie zu ernähren und dazu noch eine Ausbildung als Lehrerin zu machen. Lara plagen Zweifel. Sie ist streng katholisch erzogen worden und eine Abtreibung würde ihr schwer fallen. Aber sie weiß nicht mehr, wovon sie in Zukunft leben soll. Daher beschließt sie, den Vertrag zu unterschreiben, den ihr die Ärztin angeboten hat.

Dilemma II – Stammzellentherapie[6]

Die in England lebende Familie Hashmis möchte durch künstliche Befruchtung ein weiteres Kind zeugen, mit dessen Stammzellen ein kranker Sohn gerettet werden soll. Die Familie hat bisher vier Kinder. Eines davon, der Sohn Zain, hat "Beta-Thalassämie". Diese Erbkrankheit ist auch mit Medikamenten nicht zu heilen ist. Ein fünftes Kind war von den Eltern in der Hoffnung gezeugt worden, dass dieses Kind die für eine Heilung von Zain notwendigen Stammzellen oder geeignetes Knochenmark liefern könnte. Ein Test in der 12. Schwangerschaftswoche ergab, dass das Kind zwar gesund sein würde, aber als Spender für seinen Bruder nicht geeignet ist. Nachdem die Familie von der Präimplantationsdiagnostik, einem Verfahren das in Großbritannien erlaubt ist, erfahren hat, sieht sie in einer künstlichen Befruchtung die einzige Chance, das Leben des Sohnes zu retten. Aus den Embryonen soll der ausgewählt und in die Gebärmutter eingepflanzt werden, der in seiner Nabelschnur die passenden Stammzellen bilden wird. Bisher wurde ein Auswahlverfahren nur angewandt, um genetisch kranke Embryonen auszusondern. Die Mutter ist 37 Jahre alt. Man hofft 6-8 Embryonen gewinnen zu können. Ist ein geeigneter Embryo dabei, soll dieser eingepflanzt werden. Die restlichen Embryonen werden tiefgekühlt, bis sie jemand adoptiert. Verläuft die Schwangerschaft und die Transplantation der Stammzellen aus der Nabelschnur erfolgreich, liegen die Chancen für eine völlige Heilung bei über 90 %. Zur Zeit muss Zain an fünf Tagen in der Woche mittels einer schmerzhaften Prozedur über Nacht zehn Milliliter Desferal injiziert werden. Das Ehepaar

---

[5] http://www.schule-bw.de/unterricht/faecher/biologie/medik/meth/dilemma/
[6] Ebd.

möchte auf diesem Weg ihrem Kind helfen und hat inzwischen einen Arzt gefunden, der die künstliche Befruchtung durchführen und den passenden Embryo implantieren will. Dieser hat bei der zuständigen Genehmigungsbehörde der "Human Fertilisation and Embryology Authority" (HFEA) einen entsprechenden Antrag gestellt. Bewerten Sie die Entscheidung dieses Ehepaares.

Dilemma III – Frau Dr. Paul[7]

Frau Dr. Paul war sich während der Anfangsphase ihres praktischen Jahres im Krankenhaus vollkommen dessen bewußt, daß die Entnahme von Organen oder Hauttransplantaten von Toten ohne das Einverständnis der Angehörigen illegal ist. Außerdem verletzte eine solche Entnahme grundsätzlich ihren Glauben.

Sie erfuhr jedoch sehr schnell, daß es im Krankenhaus Engpässe gab, wenn es insbesondere darum ging, Menschen mit schweren Hautverletzungen mit Transplantaten zu versorgen.

Eines Tages teilt ihr ihr Chefarzt mit: Das Team benötigt sofort Hauttransplantat für eine Notoperation. Weil jedoch keines zur Verfügung steht, soll Frau Dr.Paul in die Pathologie gehen und Toten Haut entnehmen. Sie darf jedoch mit niemandem darüber sprechen.

---

[7] http://arbeitsblaetter.stangl-taller.at/MORALISCHEENTWICKLUNG/KohlbergDilemmataPaul.shtml

BEI GRIN MACHT SICH IHR
WISSEN BEZAHLT

- Wir veröffentlichen Ihre Hausarbeit,
  Bachelor- und Masterarbeit

- Ihr eigenes eBook und Buch -
  weltweit in allen wichtigen Shops

- Verdienen Sie an jedem Verkauf

Jetzt bei www.GRIN.com hochladen
und kostenlos publizieren